KB188596

두뇌계발 프로젝트

스도쿠 고급

두뇌계발 프로젝트

스도쿠 고급

개정판 1쇄 발행 | 2024년 03월 31일

지은이 | 매직스퀘어연구회

발행인 | 김선희 · 대 표 | 김종대
펴낸곳 | 도서출판 매월당
책임편집 | 박옥훈 · 디자인 | 윤정선 · 마케터 | 양진철 · 김용준

등록번호 | 388-2006-000018호
등록일 | 2005년 4월 7일
주소 | 경기도 부천시 소사구 중동로 71번길 39, 109동 1601호
       (송내동, 뉴서울아파트)
전화 | 032-666-1130 · 팩스 | 032-215-1130

ISBN 979-11-7029-243-2 (13410)

두뇌계발 프로젝트

스 도 쿠

만든이 강주현

SUDOKU

MAEWOLDANG

스도쿠 열풍

마방진의 한 갈래

마방진(魔方陣)은 가로, 세로, 대각선에 있는 각각의 합이 모두 같아지도록 수를 나열한 것인데 여기서, 방(方)은 정사각형, 진(陣)은 나열한다는 뜻이며, 마방진은 마법진이라고도 하는데, 이것은 영어의 magic square를 번역한 말입니다.

마방진은 가로, 세로 3x3 형의 방진에서 4x4, 5x5, 6x6, 7x7, 8x8, 9x9, 10x10, 12x12, 16x16…과 같이 만들 수 있으며, 정사각형 외에도 여러 가지 유형을 생각할 수 있습니다.

마방진에 쓰이는 숫자는 자연수를 꼭 한 번씩만 사용해야 합니다. 이미 완성된 마방진을 보면 간단한 것 같으나 실제로 만들어 보면 매우 어렵습니다. 옛날 사람들은 이와 같은 것에 신비로움을 느껴 때로는 마귀를 쫓는 부적으로도 사용하게 되었고, 서양에서도 매직 스퀘어(Magic Square)란 용어로 쓰였다고 합니다.

우리나라에도 30세에 진사 시험에 수석 합격하고, 그 후 부제학, 이조참판, 우의정, 좌의정, 대제학 그리고 마침내는 영의정 등 왕조의 주요 직책을 모두 거쳤던 수학자 최석정(1646~1715)이 마방진과 비슷한 것을 창안하여 그의 수학 저서인 《구수략(九數略)》에 실었다고 합니다. 1~30까지의 수를 한 번씩만 사용하여 만든 마방진으로, 각 육각형의 수의 합은 같습니다.

또한 마방진은 숫자 대신 글자(7x7=무지개색 명칭이나 칠하기, 일 주일, 9x9=야구 수비 위치, 10x10=십장생, 천간, 12x12=십이지 등), 도형, 부호, 빛깔, 알파벳을 이용하면 단순한 숫자 채우기보다 훨씬 더 재미있게 마방진을 즐길 수 있습니다.

스도쿠란 무엇인가?

스도쿠란 숫자를 이용해 논리력을 테스트하기 위해 고안된 퍼즐입니다. 일본어인 스도쿠는 숫자(number)를 뜻하는 스(數, su)와 혼자(single)를 뜻하는 도쿠(獨, doku)를 조합한 단어로, 쉬운 말로 풀이하면 '한 자리 수' 정도로 이해할 수 있습니다.

스도쿠는 기본적으로 가로와 세로 9칸씩 모두 81칸의 정사각형으로 만들며, 단계별 난이도에 따라 정해 놓은 숫자를 적게 또는 많게도 표기해 놓을 수 있지만 마방진 규칙이나 원칙은 바뀌지 않습니다. 즉, 9칸으로 이루어진 각각의 가로줄 및 세로줄과 대각선 방향, 가로 3칸×세로 3칸의 9칸으로 이루어진 작은 상자 속에도 1~9까지의 숫자를 겹치지 않게 골고루 채워넣어야 합니다.

마방진의 일부분으로 최근 폭발적인 반응을 일으키고 있는 스도쿠 열풍은 1984년 '니콜리'라는 일본 출판사에서 초기 버전의 스도쿠 퍼즐 책을 발매한 것에서 비롯된 것으로 보입니다. 당시 니콜리 출판사는 1970년대 미국에서 출간되었던 '넘버 플레이스(number place)'라는 숫자 퍼즐 책에서 영감을 얻어 초기 버전의 스도쿠 퍼즐 책을 출간하게 되었다고 밝힌 바 있습니다. 니콜리 출판사는 1986년경 초기 버전의 게임 규칙을 새롭게 고안해서 스도쿠의 인기를 대폭 끌어올리게 됩니다. 새로운 규칙으로 정비된 스도쿠는 일본에서 가장 인기 있는 퍼즐 게임이 되었고, 곧이어 유럽과 미국, 인도 등지로 빠르게 확산되고 있습니다.

지금 시중에 나와 있는 거의 모든 스도쿠 퍼즐은 논리적으로 풀어낼 수 있는 것이며, 마방진의 숫자의 합이 같아야 한다는 복잡한 수학적인 계산은 전혀 할 필요가 없다는 것입니다. 따라서 숫자만 생각하면 머리부터 아프다는 숫자 기피증 환자도 스도쿠만큼은 전혀 걱정하지 않아도 되는데, 여기서 숫자는 스도쿠를 푸는데 필요한 단순한 수단일 뿐이기 때문입니다. 그러나 스도쿠를 열심히 풀다 보면 자신도 모르는 사이에 논리력과 창의력이 발달되며, 처음에는 전혀 엄두가 나지 않았던 퍼즐도 어느새 쉽게 풀 수 있게 됩니다. 또 스도쿠를 풀려면 사고를 집중해야 하기 때문에 자연스럽게 집중력도 길러집니다.

이제 스도쿠 인기는 크로스워드 퍼즐, 숨은 그림찾기, 월리를 찾아라, 매직 아이, 네모네모 로직퍼즐의 뒤를 이어 퍼즐계에 광풍을 일으키며 전 세계 속으로 빠져들고 있습니다.

스도쿠 마니아 여러분!

우리 모두 스도쿠와 더욱 가까워지도록 노력합시다.

2008년 1월
만든이 강주현

아홉 칸 채우기

1. 모든 가로 방향으로 1~9까지의 숫자가 겹치지 않고 골고루 들어가야 합니다.

2. 모든 세로 방향으로 1~9까지의 숫자가 겹치지 않고 골고루 들어가야 합니다.

3. 좌우 꼭짓점을 잇는 2개의 대각선 방향으로 1~9까지의 숫자가 겹치지 않고 골고루 들어가야 합니다.

4. 굵은 선으로 그려진 작은 정사각형 9개 속에도 1~9까지의 숫자가 겹치지 않고 골고루 들어가야 합니다.

001

Date   Time

3	9		7					8
	6			1			2	
7			5		8			3
		2	1		5	3		
	5			7			8	
		7	3		2	5		
2			6					4
	4			3		1	9	
1			2		9			5

Date   Time

	3	8			7			
				8		3		1
6	1		4					2
1		2		3		5		
	7		5		6		3	
		5				1		4
7			2		8		1	9
4		6		9				
			7			4	2	

003

Date   Time

4			7			8	6	
	8				1			2
		1		4				7
2			9		8	4	7	
		5				1		
	4	8	2		7			3
8				7		2		
3	6		1				5	
	1	4			9			6

Date　　　　　　　　Time

	1	6					4	
3		8	7		2			6
7				6			8	
	7			2			1	
			9		5			
	2			4		6	9	
8				3				1
9			2		8	4		7
	6	2				5	3	

005

Date   Time

9	6		2		7		1	4
		7		1		6		
2				6				7
	9		7		1		2	
		8	4			9		
	3				5			
8				4				9
		9		8		4		
6	4		5		9		8	3

 Sudoku

Date   Time

			7	9	5			
	8		2		4		3	
		4				5		
1	2						7	5
9		5	3		6	4		8
4	3						9	2
		9		7		1		
	6		4		3		5	
			5	1	9			

007

Date   Time

2		8				7		
			6		7	9	2	
6	1			2				4
			8	9			7	
		3	2		6	4		
	8			5	4		6	
5				3			1	7
	4	6	9		1			
		1				3		9

S u d o k u

Date   Time

	7		1		3		9	
		3	8	9		7		
1			2		4			3
6	2	7				5		4
	5			1			8	
9			4		5			7
	1			6			3	
		2				6		
7			5		2		4	8

009

Date   Time

	2	5					9	
				2		8		
9			7		5			6
5	9						4	7
		2	9		1	5		
8	7						3	1
7			2		3			4
		3		9		6		
	6	4				3	7	

Date   Time

		7		6		8		
	4		8		5		1	
	9		4		2		6	
1		9				6		4
7			9		1			5
2		3				7		
	1		7		4		5	
	3		5		6		7	
		5		8		1		

011

			9		2			
2		3	4			9		5
	5	1					8	
	2			1			7	
8		7				6		9
	4			7			1	
	9						2	
5		4	2		8	7		1
			7		5			

Date					Time

		8	2		3	7		
		1				9	6	
2	9			6			8	5
7				3				9
	8				7			
9				4				3
6	2			1			5	7
	7	3				6		
		4	6		9	2		

013

Date   Time

	8			1			4	
3				9				2
			4		8		1	
5		9	3		2	1		4
	1						7	
8		3			7	2		5
	5		2		4		6	
9				5				7
		6		7			3	

Date   Time

	7	4				1	3	
	8			7			4	
9					8			2
4		5		1				6
			3	2	6			
3		9				2		7
8			1		3			4
	3			4			9	
		2				7	6	

015

Date   Time

	9	6				7	5	
8			7		2	3		1
1	3			9				2
	8						1	
		2	3		7	5		
	5							
9				5			2	7
		4	8		1			6
	2	8				1	4	

Date   Time

			8		2			
		1		4	3	8		
	5			1			4	2
7			4		8		9	6
	3						5	
1		8	5		7	2		4
9	8			6			2	7
		6		7		9		
				5				

017

	6						4	
3			1		2			5
	2		8				7	
	3	2		9		7	6	
		4	6		8	9		
	9	8		3			2	
	1		9		4		5	
5			3		6			2
	8						1	

Date   Time

			6		2			
		4		8		6		
	5		3		9		8	
3			8		6	4	9	7
	1			2			5	
4		6	5					8
	6		1		4		2	
		7		3		9		
			9					

019

Date   Time

	9						3	
		3		9		4		
	5		8		7			
8				2		3		1
	2			6			5	
3		4				6		9
7			2		3			8
		1				7		
	8			4	5		1	

Date   Time

		7		6		8		
3					5			
8				7			6	3
		9				6	2	
		4	9		1	3		
2				4				1
	1		7				5	
		2		1		4		
	7		2		9		3	

021

		2					6	
3			7		4	8		
7		5		2			1	
	7		3		2		8	
		6				3		
			1		7		9	
	5			3		9		
9		8	4		1			7
	2					5	3	

Date   Time

	2			9			5	
7				1				3
	9		5		7			
	7	2			5		3	
6	5						7	
		3	8		2	5		
			6		1			
5				8		2		1
	8			4			6	

023

Date   Time

1					5			4
		7				9	1	
	9		8		2		3	
2		6				1		5
				3				
4		8						
	5				3		4	
	6	2				7		
7			5		9			6

Date   Time

	1	4	5		3	7	2	
	2						5	
7				4				3
5			3		4			2
	8						7	
1		3	8		7	4		5
8	5			3				1
9	3						4	7
		6	1		9	5		

025

1		3	7					4
	8		3			9	1	
	9				5			
		6		4			7	2
9			1					8
4	1			2		6		
			6				4	
	6	5			1		2	
7					9	3		

 sudoku

026

Date   Time

			5		3		4	
		8	7		1	6		
7	9			2			8	
5				1				
		4				3		
6				4				5
	5			3			1	
		6			8	4		
	2		6		9		3	

027

Date   Time

2			5	8	3			9
	4	8					5	
			4		1			
5				2				4
6			9		5			2
1		3		4		6		
			6		4			
	3						6	
			1	7	9			8

Date   Time

		2	7			5	3	
	9							4
7			2	3		1		6
	6				7			
8		9		6		2		
	1		4				5	
9				1	3			2
4							7	
	2				4	8		

029

Date   Time

2				5			9	
					6			1
		6				7		
		8	3		9	5		
	5			1			7	
	7	1	4			3		
		5	8		7	9		
7					1			5
	6			3			4	

Date   Time

7			3		6		5	
		5	4					3
	9			2		6		
4					5		3	9
		7				1		
	1		7		2			6
		9		5			7	
5			8		3	2		
	7				9			5

031

	4	5				8	1	
3			5		6	4		2
2							3	9
		4		5		3	2	
			6		4			
	5			7		9		
8	2							7
5			1		2			3
	6	1					8	

Date   Time

	1	2					4	
3			7		6			2
7								3
		9	3		2	8		
				1				
		3	8		7	2		
8		7				9		1
9			6		8			7
	2	6				5		

033

Date   Time

	5		7		3		2	
8				1				
7			2		8			6
			1		2			
3							8	5
		7	6		5	2		
5								4
2				6				1
	6		5		9		3	

sudoku

034

Date   Time

	2			9			6	
5	8		1		4		3	2
		4				5		
				4				
	7		3		6		2	
	3			5			9	
		9				2		
1			4		3			9
	4			2			8	

035

Date   Time

1	6			5			3	4
5								2
	3		1		8		5	
		6		9		5		
7								3
		2		1		7		
		6			9			
9		1				4		5
	4			7			8	

Date   Time

		8	1		3	7		
		2		9				
7	9		4		5		2	3
1				6		2		4
		9		1				
5				4				1
2	1		8		4		6	5
		5						
		6				1		

037

	5		7		2		6	
2	8						3	5
				3				
5		6				3		2
				1				
4		8				6		1
			6	7				
1	6						2	9
	4		2		9		8	

Date   Time

3			2		7	8		
	8			1			3	
			4					
		4	7		1	5		
	5						9	
		2		3		7		
8			4		9	1		
	7			8			4	
			5		3			

039

Date   Time

7		1				4		8
		5	4		7	9		
3	9							7
	8			2			3	
			9		4			
	1			8			4	
	3						7	
		2	8		3	6		
1								5

sudoku

Date   Time

3								1
		5				6		
	2			3			9	
6	4			8			1	7
		1				2		
	9		3	6	1		8	
	1			5			7	
		7	2		4	3		
8								2

041

	5						2	
8		2				9		7
		4		5		3		
4	8						7	9
			9		4			
	1			8			4	
		9		2		8		
2			8		7			1
	6						3	

 Sudoku

Date				Time				

	2	3					6	
5				6				2
		4	8		2	5		
	3			4			7	
			1		6			
				5				
8		9				2		1
3				8				9
	4	1				3	8	

043

Date   Time

7			2		3			6
	4			1			7	
		9				3		
2								3
	3			2			8	
8								4
		8				6	2	
	5			9			3	
1			3		7			8

Date   Time

			5		3			
	6						5	
7		5				8		3
5			3		2			6
	1			4			7	
		3	1		7	2		
1		7				9		4
				5				
		8	4		9	5		

045

	7						4	
2		3				7		1
	1			6			8	
			8		4			3
		4		1		2		
7			9		2			4
	6			4			1	
4		5				8		6
	9						2	

Date   Time

		5	1		3	9		
	4		6		9		7	
6								2
	6						9	
		4	7			2		
8								4
3		8				6		9
	2		8		1		3	
			3		7			

047

Date   Time

		6		8		7		
			7		2			
	9							3
	7	9		2			1	
6								2
	2			4		6	9	
8			6				2	1
		1	2		8			7
	6	2		7		5		

Date   Time

1			7		3			8
8		2				9		
	9			5			6	
4			6		2			9
	2						8	
9			1		5		4	3
		9		2		8		
		3		1		5		
6			5		9			2

049

	6	8		2				
		2			5			8
7			4					3
	7		3		8	2		
8		4						5
		3	2		7		9	
2	1							6
9			5			4		
				7		1	3	

Date   Time

		7				2		
2				3				9
			4		1			7
1		8				3		5
	7			4			8	
5		2				9		4
			1		2			
7				5				3
	9	5			4		2	

051

Date   Time

	1	7			5		6	
5			7			9		1
	9		8					3
1				4		2	3	
				7	6			
	2							7
8					7		4	
7					2			9
	4		5				8	

 Sudoku

052

Date   Time

	2		3		6		5	
				1				3
		4				6		
4			1		5			9
	5			3			8	
	1		7		2		4	
		9		5		8		
5								1
	7		2		9		6	

고급

053

		3				8		
5			3			4		
	1			4	8			7
6			7		1		2	
	5	8				9	3	
1	3		8		5			4
			4	6			7	
		9			2			
	6					2		

Date				Time				

		4		5		2		
	2				6			
8			9				5	7
	9				1		8	
		2		8				1
	4		2				6	
	8				4			9
			1				3	
3		1		7		8		

055

Date   Time

	6		3		2			8
	2			4			6	
3		1			8	2		
1						7		9
	5						8	
9		3				5		
		9	2			8		1
	1			7				4
4			6		9	3	2	

Date   Time

		5	2		9	8		
	8			1			7	
	1		7				3	
6				5		3		8
			6		4			
1		2				9		4
		4		5				
	9			8			4	
		1	3		7	2		

057

	2						5	
8			4		7			3
		4				6		
4			1		5			9
		7		3		1		
9	1						4	6
		9				8		
			8		3			
	7			4			6	

sudoku

 sudoku

Date   Time

8			5	7				3
		9				6		
	2		8		3		7	
1				9				8
		4				9		
6				3				4
	1		9		4		5	
	4	7				8	9	
9				5				6

059

Date   Time

	2		3		6		5	
8								3
		4				6		
	8						3	
		7				1		
	1		7		2		4	
2		9				8		4
5				7				1
	7	8	2		9	3	6	

 Sudoku

 060

Date   Time

7			9		5			6
		4				8		
	8						7	
1		8				7		5
				4				
		2				9		
	6		1		2		5	
		1		5		4		
8			7		4			1

 69

061

		1		9		4		
8	3							7
7				5		3	1	
		5	1		2	6		
				7				
		7				2		
	7			2				4
2							9	1
	6			4			3	

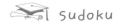 sudoku

Date   Time

		2				7		
			7		6	1		
	9			2			8	
	7		3		2	8	1	
		4				3		
	6		8		7		9	
8				3				1
		1	6		8	4		
		6				5		

고 급

063

Date   Time

		1		9		7		
			7	1	4			
		7	5		8	6		
	8						2	
	5						8	3
	1	2				5	7	
3		9				8		7
			8	4	2			
		8		7		2		

sudoku

72

 sudoku

064

Date   Time

	5	4				1	2	
8				4				7
			2		8			
1		5				6		
	2			7			8	
		7	6		5	2		
5			3		4			1
2				6				4
	6					7		

73

065

Date   Time

	7	8				9	4	
2								1
6				5				2
	6						9	
		4		1		2		
	8		9		2		6	
3				4		6		9
4								5
	9	1				4	2	

Date   Time

		9				8		
	8		9		4		5	
2		4				9		7
	5						2	
				2				
	9		8		1		4	
		1				3		
		3		2				
6		3				2		9

067

Date   Time

		8	1		3			
	4	3				7	5	
6	1			5			8	2
1								3
	3			1			7	
7								4
3				4				9
	2	6				8	3	
		1	3		5	4		

s u d o k u

Date   Time

			1		3			
		2				5		
7	9						2	3
1		9		6		2		4
			9	5	1			
5				4				1
2			8		4			5
		5				4		
			5		9			

069

Date   Time

		8	1		3		9	
	4						5	
		6	5			8		
6	5		3		9			4
	2			1			8	
9			4		2			7
4		2			8	9		
	3						7	
			2		5	1		

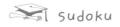
Date   Time

		8		5		1		
	9		2		1		8	
4								7
		5		1		3		
	1			7			5	
		5		8				
		6		2		5		
	3		7		6		4	
1		7				6		3

071

	5			9			2	
		2	4		6	9		
7				5				6
	8		1		2		7	
		6				1		
	1						4	
5	7			2			6	4
		3				5		
	6			4			3	

Sudoku

Date				Time				

4	3			9				8
			7		4			
		7				6		
		3				4		
6				2				3
	1	2				5	7	
		9	6		1	8		
	7		8		2		9	
1				7				5

073

		3		5		8		
5	8						9	2
2			9		8			7
	9			3			2	
			4	2	6			
		2		9		7		
			6		3			
3	7						6	5
		1				2		

Date   Time

.	8	7				9	4	
2			6		9			1
6								2
	6			8			9	
			5		6			
	7			3			6	
3								9
4			8		1			5
	9	1				4	2	

075

Date   Time

	5	8				7	4	
3				9				8
7								3
			3		8			
	2			5			7	
		3	2		7	8		
2					4			5
9				1				7
	8	6				1	3	

Date   Time

5		1			9			3
		9		4		6		
	2		5				7	
				9	8	7		
	8						3	
		5	7	3				
2	1				4			7
		7		1		5		
9		3				4		6

077

Date   Time

4				9				8
		5	7		4			
2					8			4
	8						2	
6				2				3
	1	2			3		7	
3			6					7
	7		8		2			
1		8		7		2		5

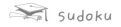

Date						Time		

	6		5		9		4	
3				4				5
			1		3		7	
	3						6	
			6		1			
	9	1				5	2	
			9		4			
		7		8		1		
	1		2		7		8	

079

	6			1			3	
1			9		4			2
2		4				9		7
	5						2	
			4	2	6			
	9			5			4	
8		1				3		5
9			3					1
	4						8	

Date   Time

2	1						4	9
		8		9		1		
	9		4		1		8	
5				2				4
	8			1			7	
1			8		7			5
	5						2	
9				5				7
4			1		9		3	8

level 2

081

		8				7		
	4			9			5	
		5		8		6		
5			3		8			4
		4		1		3		
1			2		7			5
		7		3		9		
	3			5			8	
		6				5		

Date   Time

		1				2		
	7	9				8	6	
4			6		3			9
	3			9			8	
			8		6			
8	9			3				4
2			9		4			7
	4	7				6	9	
				5				

083

		3				8		
	8		3		6			2
2				4	8			7
	9		7	3			2	
		8				9		
	3			9			6	
8			4	6				9
3			1		2		4	
	6	1				2		

Date   Time

	1						4	
3			7		6			2
		5		2		6		
	7						1	
		4		1		3		
	6		8		7		9	
		7		3		9		
	3		6		8		2	
	2						3	

085

	4		2		7		9	
			5		6			
	9	6				5	3	
6	1						2	8
				2				
9	5						6	4
	2						7	
5			9		2			3
	6		3		1		8	

 sudoku

Date					Time			

			5		3			
	2					1	5	
7				4				3
5			3		4			2
	8			1			7	
		3	8		7	4		
8								1
	3						4	
		6	1		9	5		

087

Date   Time

	7	8				9	4	
2			6		9			1
	1						8	
	6						9	
			5	1	6			
		5				1		
	5		2				1	
4			7		1			5
	9						2	

Sudoku

Date   Time

	8						6	
		1	7		4	8		
7				2				3
	7						8	
		6	9		5	3		
	4		1		7		9	
1				3				8
		8	4		1	6		
	2						3	

089

6				9				8
	3		4		6		5	
		4		5		3		
	8		1				7	
		6				1		
	1				5		4	
		9		2		8		
	4		8		7		9	
1				4				2

Date   Time

		2		7		1		
	3	6			1		7	
9				6				8
			4					
1		9		2				7
					7			
7	4			3				2
	9		6				8	
6		8				5		9

열 칸 채우기

규칙 풀이

1. 모든 가로 방향으로 0~9까지의 숫자가 겹치지 않고
   골고루 들어가야 합니다.
2. 모든 세로 방향으로 0~9까지의 숫자가 겹치지 않고
   골고루 들어가야 합니다.

091

	4	7	1		2		6	0	
0		5	6	8		4	7		9
2	9		7	4		3		6	8
	1	8			4		2	9	
7	6		4	3	0		8	5	
		2		6	7	9			4
	3	4		5			1	7	
6	0		2		5	8		4	7
3		6	5	0		7	4		1
	7	1		2			3	8	

Date   Time

9		2	8			3	1		4
7	6		1	9	4	0		8	
6	5	7		0	8		3	1	9
				2	0				
2	1	5	0			8	9	3	6
8	3	6	9			5	7	4	0
			3	9					
1	7	4		8	3		5	0	2
	9		3	7	5	2		6	
0		8	5			7	4		3

093

Date   Time

	2	0	7	1	9		6	4	
6	0			7	2			9	4
1			6	4	3	0			2
3		6		8	4		5		
7	4	8	5			6	0	3	9
9	3	2	1			4	8	5	0
		5		0	8		1		
8			0	3	6	9			5
4	8			5	0			6	7
	6	4		9	5		2	1	

Date   Time

2	3		6	7		1	4		
4		7	1		3		0	9	
	2			8		5		1	3
0	6	4		1	8		2		7
6		1	2	3		4		0	
	0		7		6	8	1		5
3		2		5	1		7	6	4
1	7		5		4			3	
	1	0		2		7	9		6
		8	0		2	6		7	1

095

8			1	9	2	5			4
		5	6			3	7		
	9		7	3	1	4		6	
5	1	8		7	3		2	9	0
7		9	3	4		1	8		2
1		2	8			9	0		3
9	4	3		5	8		1	7	6
	0		2	1	5	8		3	
4		6	5			7	3		
3			9	2	6	0			5

Date   Time

		8	7			0	6		
	8	9		7	2		3	1	
9	4		6	5	3	8		0	2
3		6		0	5		4		9
	5	0	4			6	8	3	
	3	2	9			5	0	4	
2		4		8	0		9		6
0	9		8	3	6	1		2	4
	0	3		4	8		1	6	
		5	3			7	2		

097

Date   Time

	4	9	1			5	6	0	
0		5		8		4	9		7
2	7		9	4		3		6	8
5	1	8	3	9		6	2		0
						1	8	5	
	5	2	8						
7		4	0		8	2	1	9	6
6	0		2		5	8		4	9
3		6	5		7		4		1
	9	1	7			0	3	8	

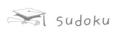 sudoku

098

Date   Time

9	0		2	5		3	1		4
4	6	3			4	0		2	5
6		7	8		2		3	1	
3	2		4	8		1	6		7
	1	5				2			6
2			9		8		7	4	
5		0	7		9	6		8	1
	7	4		2		9	5		8
4	9		3	7			0	6	
0		2	5		1	7		9	3

고 급

099

Date   Time

	6	9	1			5	4	0	
0			4	8	3	6			7
2			9	6	1		5		8
5	1	8	3			4		7	0
	4	7		3			8	5	
	5	2			9		0	3	
7	3		0			2	1	9	4
4		3		1	5	8			9
3			5	0	7	9			1
	9	1	7			0	3	8	

s u d o k u

Date   Time

	0	8		5	6		2	7	
7		3	2			0	8		5
6	5		8	0		4		2	9
	1	9			0		6	5	
8			0	4	7		9		6
1		6		2	8	5			0
	4	0		3			1	8	
2	7		6		3	9		0	8
4		2	3			8	0		1
	8	1		6	2		4	9	

십장생(十長生)
채우기

십장생이란?

죽지 않고 오래 산다는 열 가지로 곧, 거북·구름·돌·물·불로초(不老草)·산·소나무·사슴·해·학을 이름.

규칙 풀이

1. 모든 가로 방향으로 거북, 구름, 돌, 물, 불로초, 산, 소나무, 사슴, 해, 학이라는 명칭이 겹치지 않고 골고루 들어가야 합니다.
2. 모든 세로 방향으로 거북, 구름, 돌, 물, 불로초, 산, 소나무, 사슴, 해, 학이라는 명칭이 겹치지 않고 골고루 들어가야 합니다.

101

물			구름	해		산		사슴	거북
사슴	학			물			소나무	구름	
	해	사슴			구름	거북	산		
산		물	거북		돌	불로초			사슴
		해	돌	거북	사슴			산	학
구름	산			불로초	소나무	해	사슴		
해			사슴	산		학	구름		불로초
		거북	학	구름			해	돌	
	물	불로초			해			학	구름
돌	소나무		해		불로초	사슴			산
거북	구름	돌	물	불로초	사슴	산	소나무	학	해

s u d o k u

Date				Time					

	산	불로초	구름	학		돌		거북	
거북		돌		해	사슴		불로초		학
물	학		불로초		구름	사슴		소나무	
돌		해		불로초	산		물		거북
	소나무	학	산			구름		돌	물
구름	돌		해			학	거북	사슴	
학		산		돌	해	물	구름		소나무
	거북		물	구름		해		산	
사슴		소나무		거북	학		산		구름
	불로초		학		소나무	거북		해	
거북	구름	돌	물	불로초	사슴	산	소나무	학	해

고급

103

Date   Time

	산		불로초	물	구름	학		소나무	
소나무	구름		돌			산		불로초	물
			산	불로초			돌		
학	불로초		해	사슴	산	돌		물	소나무
사슴		물	산			불로초	거북		구름
불로초	학	구름	거북			물	소나무		산
물	해		소나무	학	거북	구름		사슴	돌
		해		불로초	학				
해	거북		학			사슴		구름	불로초
	사슴		물	구름	돌	소나무		거북	
거북	구름	돌	물	불로초	사슴	산	소나무	학	해

sudoku

Date   Time

사슴	구름			학	해			소나무	산
	해		돌	사슴	산	구름		불로초	
		소나무	거북			산	물		
물		사슴		거북	구름		해		소나무
거북	돌		구름		불로초			물	해
불로초	물		사슴			학		산	구름
학		구름		물	사슴		불로초		돌
		산	해			사슴	학		
	사슴		물	소나무	학	거북		해	
구름	거북			해	돌			사슴	물
거북	구름	돌	물	불로초	사슴	산	소나무	학	해

고급

Date   Time

			물	구름	산	학			
	산	학		돌	해		소나무	물	
	구름		소나무	거북		해		불로초	
학		돌	해		거북	불로초	산		사슴
소나무	불로초		거북				돌	학	산
물	학	산			구름			해	거북
구름		거북	사슴	학		산	물		불로초
	사슴	해	산		학	돌		거북	
	돌	불로초		사슴	구름		거북	산	
			구름	산	불로초	사슴			
거북	구름	돌	물	불로초	사슴	산	소나무	학	해

Date   Time

	산	소나무		해			불로초	사슴	
사슴	물		불로초	학		산		구름	해
물		사슴		산		거북	돌		학
	구름	학	거북			불로초		해	
		해		거북	사슴		학	돌	물
구름	돌	물		불로초	소나무				
	거북		사슴			물	구름	소나무	
불로초		거북	물		돌		해		소나무
거북	학		돌		해	소나무		물	구름
	소나무	구름			불로초		거북	학	
거북	구름	돌	물	불로초	사슴	산	소나무	학	해

고급

107

Date   Time

	해	돌			산		소나무	거북	
거북		학		사슴			돌		구름
산	구름		돌	해	불로초	물		소나무	사슴
		사슴	물		해	소나무	산		
돌		구름	해	물	거북		사슴	학	
	학	산		소나무	돌	구름	거북		해
		해		학			불로초	돌	
소나무	거북		산	불로초	학	사슴		해	돌
물		소나무			구름		해		불로초
	돌	불로초		산			물	사슴	
거북	구름	돌	물	불로초	사슴	산	소나무	학	해

s u d o k u

Date   Time

	해	사슴		학		물	돌	소나무	
소나무			돌		산	해			학
구름		소나무		해	불로초		물		거북
물	불로초		산	사슴		돌		학	
	돌	학				불로초	거북		구름
불로초		구름	거북				소나무	산	
	산		소나무		거북	구름		사슴	돌
돌		산		불로초	물		학		사슴
산			물	소나무		사슴			불로초
	사슴	불로초	학		돌		산	거북	
거북	구름	돌	물	불로초	사슴	산	소나무	학	해

고급

109

Date   Time

		사슴	학	해	돌				구름
	해	돌		물	구름			불로초	사슴
	학		불로초		사슴	구름			소나무
돌		물	구름	불로초		소나무	해		거북
불로초	소나무	학			사슴		돌	해	
사슴	돌		물			거북	구름	산	
학		산	거북		물	해	사슴		소나무
	거북		해	사슴		물		산	
	물	소나무		거북	학		산	해	
		학	해	소나무	거북				
거북	구름	돌	물	불로초	사슴	산	소나무	학	해

Sudoku

		물	불로초			산	소나무	구름	
소나무			산			사슴	해		
거북	사슴			구름	해	물			돌
해	불로초	소나무		산	구름			물	거북
		산	사슴	돌	거북	소나무	물		
		돌	거북	소나무	불로초	구름	산		
돌	학			물	산		거북	불로초	소나무
산			물	해	소나무			돌	사슴
		해	돌			거북			불로초
	소나무	구름	해			불로초	돌		
거북	구름	돌	물	불로초	사슴	산	소나무	학	해

고 급

111

Date   Time

		돌		사슴		학	소나무		
	산	학	소나무		해	물	돌	불로초	
산	사슴		돌	물	불로초			소나무	구름
학			해	돌		소나무	산	사슴	
	소나무	사슴			거북	불로초	구름		산
불로초		산	구름				거북	해	
	해	물	거북		구름	산			소나무
소나무	거북			불로초	학	구름		물	돌
	구름	소나무		거북		돌	물	산	
		불로초	사슴		소나무		해		
거북	구름	돌	물	불로초	사슴	산	소나무	학	해

sudoku

Date   Time

		소나무	물			학	불로초		
	돌	학	불로초		해		소나무	물	
돌	구름		소나무		물			불로초	산
학			해		사슴	불로초	돌	구름	거북
	불로초	구름	사슴	해	거북				
				불로초	소나무	구름	거북	해	
구름	해	사슴	거북	학		돌			불로초
불로초	거북			물		산		사슴	소나무
	산	불로초		거북		소나무	사슴	돌	
		물	구름			거북	해		
거북	구름	돌	물	불로초	사슴	산	소나무	학	해

고 급

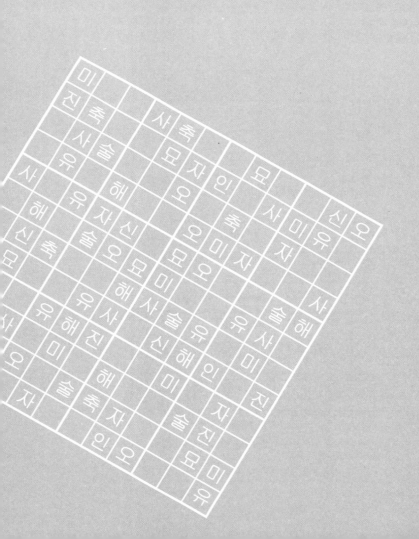

십이지(十二支)
채우기

십이지란?

육십 갑자의 아래 단위를 이루는 요소로, 쥐[子] · 소[丑] · 호랑이[寅] · 토끼[卯] · 용[辰] · 뱀[巳] · 말[午] · 양[未] · 원숭이[申] · 닭[酉] · 개[戌] · 돼지[亥]를 가리킴.

규칙 풀이

1. 모든 가로 방향으로 자, 축, 인, 묘, 진, 사, 오, 미, 신, 유, 술, 해라는 명칭이 겹치지 않고 골고루 들어가야 합니다.

2. 모든 세로 방향으로 자, 축, 인, 묘, 진, 사, 오, 미, 신, 유, 술, 해라는 명칭이 겹치지 않고 골고루 들어가야 합니다.

3. 굵은 선으로 그어진 작은 직사각형 12개 속에도 자, 축, 인, 묘, 진, 사, 오, 미, 신, 유, 술, 해라는 명칭이 겹치지 않고 골고루 들어가야 합니다.

113

Date   Time

		술	해		묘		인		미	신	
신			오	미		자		유	사		
유	묘			인	사		오	해			자
	해	오			술	미	사			인	축
미		사	진	묘		유	축		신	오	
	진		유	술				사	축		미
술		유	인				자	오		사	
	축	묘		사	신		미	진	해		유
사	미			오	유	축			진	해	
묘			미	진		술	해			유	사
		자	묘		인		진	미			술
	술	진		해		오		신	인		

Date   Time

유	·		자	인			진	오			술
	미	자	진			해		인	유	묘	
	해		미	유		신	묘			진	
진	묘		해			사		유	자	미	인
미		축		사	신		오		해		자
	신	해	인		진	축	유				
			술	해	자		미	진	사		
사		유		미		진	인		신		축
해	유	묘	술		축			신		자	사
	인			해	유		자	축		신	
	자	진	신		미			술	인	유	
신			오	자			해	진			묘

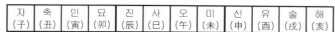

보기	자(子)	축(丑)	인(寅)	묘(卯)	진(辰)	사(巳)	오(午)	미(未)	신(申)	유(酉)	술(戌)	해(亥)

고 급

129

115

Date   Time

	묘	신		유	미	사		인		축	
오		미	묘		자		축		술		해
	술		사			자	미	오		유	묘
유		사		신			묘		인	자	
	사	오	미		신			축			유
신		인			술	묘	유			오	자
진	해			자	오	미			묘		축
축			유			오		술	진	미	
	유	축		오			신		미		술
해	인		자	미	묘			사		신	
묘		술		사		축		미	자		인
	신		해		축	인	오		유	진	

보기 | 자(子) | 축(丑) | 인(寅) | 묘(卯) | 진(辰) | 사(巳) | 오(午) | 미(未) | 신(申) | 유(酉) | 술(戌) | 해(亥)

s u d o k u

Date   Time

미			사	축			묘			신	오
진	축			묘	자	인		사	미	유	
	사	술			오		축		자		
	유		해			오	미	자			사
사		유	자	신		묘	오			술	해
	해		술	오	묘	미			유	사	
	신	축			해	사	술	유		미	
술	묘			유	사		신	해	인		진
축			유	해	진			미		자	
		사		미		해			술	진	
	인	해	오		술	축	자			묘	미
신	미			자			인	오			유

보기

자	축	인	묘	진	사	오	미	신	유	술	해
(子)	(丑)	(寅)	(卯)	(辰)	(巳)	(午)	(未)	(申)	(酉)	(戌)	(亥)

고급

117

Date   Time

	자			미	인	축	진	술		유	
진	신	미			묘	유			오	인	술
	유	인		사			묘		진	자	
			해	유	인	자					
술		사	오		미	묘		자	신		유
신	묘		인	술			축	진		미	오
오	진		자	묘			유	미		해	인
인		자	유		사	오		해	술		진
자				오	술	신	사				
	술	묘		유			오		해	신	
유	사	진			자	해			인	오	묘
	오			인	진	자	미			술	

보기	자(子)	축(丑)	인(寅)	묘(卯)	진(辰)	사(巳)	오(午)	미(未)	신(申)	유(酉)	술(戌)	해(亥)

Sudoku

| Date | | | | | | | | Time | | |

인	미	자		축			신		술	묘	진
오			자		신	술		미			인
신		유	인	술			축	진	자		오
	해	사			미	묘			신	축	
묘		술		해		자		미			신
	유		술		오	미		신		자	
	신		축		묘	유		사		인	
사		오		미			진		묘		해
	오	신			진	자			유	술	
유		진	미	신			술	축	인		묘
미			사		축	진		인			자
자	인	해		오			사		축	진	미

고급

133

Date   Time

자		인	묘		사	오		신	유		해
		해		묘			유		미		
유	진		미		해	신		축		묘	인
묘		술		축			오		사		미
	해	자	사		술	미		유	진	축	
	미		진	해			사	묘		신	
	자		해	오			진	술		인	
	사	축	유		자	묘		미	해	오	
술	오	묘		미			축		자		사
해	인		자		묘	술		오		미	유
		유		인			자		신		
미		신	축		오	진		사	인		묘

 보기 | 자(子) | 축(丑) | 인(寅) | 묘(卯) | 진(辰) | 사(巳) | 오(午) | 미(未) | 신(申) | 유(酉) | 술(戌) | 해(亥)

s u d o k u

Date   Time

술	신			묘	축	미	인			오	자
인	진	미			신	사			해	묘	술
	자	축		오			해		미	신	
				인	미	묘	사				
사		해	진		오	축		묘	인		미
	묘	인		유			자		축	사	
	미	신		사			축		묘	해	
자		술	유		묘	신		미	사		인
				진	인	술	미				
	술	진		신			묘		오	축	
유	인	묘			사	오			자	미	해
축	사			미	해	유	진			인	묘

보기

| 자 (子) | 축 (丑) | 인 (寅) | 묘 (卯) | 진 (辰) | 사 (巳) | 오 (午) | 미 (未) | 신 (申) | 유 (酉) | 술 (戌) | 해 (亥) |

고급

121

	묘	유		인			미		해	오	
오		미	인		자	진		사	묘		축
해	축		진	오			묘	인		신	미
	사	축		진		술	신		미	인	
유		묘	미		인	오		술	신		진
	진			축			유			자	
	인			묘			자			진	
신		진	유		해	미		자	인		오
	자	사		신			오		축	술	해
묘	오		술	미			진	축		사	인
인		자	사	해	오	축		신	진		묘
	미	신		유			인		술	해	

 보기

| 자(子) | 축(丑) | 인(寅) | 묘(卯) | 진(辰) | 사(巳) | 오(午) | 미(未) | 신(申) | 유(酉) | 술(戌) | 해(亥) |

S u d o k u

Date   Time

	사	인	자			진	오		미	신	
묘		오			인			진	해		사
해	진		술	사			자	오		인	묘
	자	유		진		축	묘		술		해
미		술	해		사			유	진		
진			사		술	해	미	인		묘	
	축			오	유	자		해			신
		자	묘			술		축	오		미
술		해		미	축		진		사	유	
자	해		축	묘			유	신		오	술
인		사	신			오			유		진
	유	묘		인	신			사	자	해	

보기	자 (子)	축 (丑)	인 (寅)	묘 (卯)	진 (辰)	사 (巳)	오 (午)	미 (未)	신 (申)	유 (酉)	술 (戌)	해 (亥)

고급

정답

3	9	1	7	2	6	4	5	8
8	6	5	4	1	3	9	2	7
7	2	4	5	9	8	6	1	3
4	8	2	1	6	5	3	7	9
6	5	3	9	7	4	2	8	1
9	1	7	3	8	2	5	4	6
2	7	9	6	5	1	8	3	4
5	4	6	8	3	7	1	9	2
1	3	8	2	4	9	7	6	5

5	3	8	1	2	7	9	4	6
2	4	7	6	8	9	3	5	1
6	1	9	4	5	3	7	8	2
1	6	2	8	3	4	5	9	7
9	7	4	5	1	6	2	3	8
3	8	5	9	7	2	1	6	4
7	5	3	2	4	8	6	1	9
4	2	6	3	9	1	8	7	5
8	9	1	7	6	5	4	2	3

4	2	3	7	9	5	8	6	1
5	8	7	3	6	1	9	4	2
6	9	1	8	4	2	5	3	7
2	3	6	9	1	8	4	7	5
9	7	5	4	3	6	1	2	8
1	4	8	2	5	7	6	9	3
8	5	9	6	7	3	2	1	4
3	6	2	1	8	4	7	5	9
7	1	4	5	2	9	3	8	6

2	1	6	5	8	3	7	4	9
3	4	8	7	9	2	1	5	6
7	9	5	4	6	1	2	8	3
5	7	9	3	2	6	8	1	4
6	8	4	9	1	5	3	7	2
1	2	3	8	4	7	6	9	5
8	5	7	6	3	4	9	2	1
9	3	1	2	5	8	4	6	7
4	6	2	1	7	9	5	3	8

9	6	3	2	5	7	8	1	4
5	8	7	3	1	4	6	9	2
2	1	4	9	6	8	3	5	7
4	9	6	7	3	1	5	2	8
7	5	8	4	2	6	9	3	1
1	3	2	8	9	5	7	4	6
8	2	5	6	4	3	1	7	9
3	7	9	1	8	2	4	6	5
6	4	1	5	7	9	2	8	3

3	1	2	7	9	5	8	6	4
5	8	7	2	6	4	9	3	1
6	9	4	8	3	1	5	2	7
1	2	6	9	4	8	3	7	5
9	7	5	3	2	6	4	1	8
4	3	8	1	5	7	6	9	2
8	5	9	6	7	2	1	4	3
2	6	1	4	8	3	7	5	9
7	4	3	5	1	9	2	8	6

007

2	9	8	1	4	5	7	3	6
4	3	5	6	8	7	9	2	1
6	1	7	3	2	9	5	8	4
1	6	4	8	9	3	2	7	5
7	5	3	2	1	6	4	9	8
9	8	2	7	5	4	1	6	3
5	2	9	4	3	8	6	1	7
3	4	6	9	7	1	8	5	2
8	7	1	5	6	2	3	4	9

008

2	7	8	1	5	3	4	9	6
5	4	3	8	9	6	7	2	1
1	9	6	2	7	4	8	5	3
6	2	7	3	8	9	5	1	4
3	5	4	6	1	7	2	8	9
9	8	1	4	2	5	3	6	7
4	1	5	7	6	8	9	3	2
8	3	2	9	4	1	6	7	5
7	6	9	5	3	2	1	4	8

009

6	2	5	8	1	4	7	9	3
3	4	7	6	2	9	8	1	5
9	1	8	7	3	5	4	2	6
5	9	1	3	8	6	2	4	7
4	3	2	9	7	1	5	6	8
8	7	6	5	4	2	9	3	1
7	5	9	2	6	3	1	8	4
1	8	3	4	9	7	6	5	2
2	6	4	1	5	8	3	7	9

010

5	2	7	1	6	3	8	4	9
3	4	6	8	9	5	2	1	7
8	9	1	4	7	2	5	6	3
1	8	9	3	5	7	6	2	4
7	6	4	9	2	1	3	8	5
2	5	3	6	4	8	7	9	1
6	1	8	7	3	4	9	5	2
9	3	2	5	1	6	4	7	8
4	7	5	2	8	9	1	3	6

011

4	8	6	9	5	2	1	3	7
2	7	3	4	8	1	9	6	5
9	5	1	6	3	7	4	8	2
6	2	5	8	1	9	3	7	4
8	1	7	3	2	4	6	5	9
3	4	9	5	7	6	2	1	8
7	9	8	1	4	3	5	2	6
5	3	4	2	6	8	7	9	1
1	6	2	7	9	5	8	4	3

012

5	6	8	2	9	3	7	1	4
4	3	1	7	8	5	9	6	2
2	9	7	1	6	4	3	8	5
7	4	6	8	3	1	5	2	9
3	8	5	9	2	7	1	4	6
9	1	2	5	4	6	8	7	3
6	2	9	3	1	8	4	5	7
1	7	3	4	5	2	6	9	8
8	5	4	6	7	9	2	3	1

013

6	8	2	5	1	3	7	4	9
3	4	1	7	9	6	8	5	2
7	9	5	4	2	8	6	1	3
5	7	9	3	6	2	1	8	4
2	1	4	9	8	5	3	7	6
8	6	3	1	4	7	2	9	5
1	5	7	2	3	4	9	6	8
9	3	8	6	5	1	4	2	7
4	2	6	8	7	9	5	3	1

014

6	7	4	9	5	2	1	3	8
2	8	3	6	7	1	9	4	5
9	5	1	4	3	8	6	7	2
4	2	5	7	1	9	3	8	6
7	1	8	3	2	6	4	5	9
3	6	9	5	8	4	2	1	7
8	9	7	1	6	3	5	2	4
5	3	6	2	4	7	8	9	1
1	4	2	8	9	5	7	6	3

015

2	9	6	1	3	4	7	5	8
8	4	5	7	6	2	3	9	1
1	3	7	5	9	8	4	6	2
7	8	9	6	4	5	2	1	3
4	6	2	3	1	7	5	8	9
3	5	1	2	8	9	6	7	4
9	1	3	4	5	6	8	2	7
5	7	4	8	2	1	9	3	6
6	2	8	9	7	3	1	4	5

016

6	4	7	8	5	2	3	1	9
2	9	1	6	4	3	8	7	5
8	5	3	7	1	9	6	4	2
7	2	5	4	3	8	1	9	6
4	3	9	1	2	6	7	5	8
1	6	8	5	9	7	2	3	4
9	8	4	3	6	1	5	2	7
5	1	6	2	7	4	9	8	3
3	7	2	9	8	5	4	6	1

017

8	6	1	5	7	9	2	4	3
3	7	9	1	4	2	6	8	5
4	2	5	8	6	3	1	7	9
1	3	2	4	9	5	7	6	8
7	5	4	6	2	8	9	3	1
6	9	8	7	3	1	5	2	4
2	1	6	9	8	4	3	5	7
5	4	7	3	1	6	8	9	2
9	8	3	2	5	7	4	1	6

018

7	8	3	6	5	2	1	4	9
2	9	4	7	8	1	6	3	5
6	5	1	3	4	9	7	8	2
3	2	5	8	1	6	4	9	7
8	1	9	4	2	7	3	5	6
4	7	6	5	9	3	2	1	8
9	6	8	1	7	4	5	2	3
5	4	7	2	3	8	9	6	1
1	3	2	9	6	5	8	7	4

019

1	9	8	4	5	6	2	3	7
6	7	3	1	9	2	4	8	5
4	5	2	8	3	7	1	9	6
8	6	5	9	2	4	3	7	1
9	2	7	3	6	1	8	5	4
3	1	4	5	7	8	6	2	9
7	4	9	2	1	3	5	6	8
5	3	1	6	8	9	7	4	2
2	8	6	7	4	5	9	1	3

020

5	2	7	1	6	3	8	4	9
3	4	6	8	9	5	2	1	7
8	9	1	4	7	2	5	6	3
1	8	9	3	5	7	6	2	4
7	6	4	9	2	1	3	8	5
2	5	3	6	4	8	7	9	1
6	1	8	7	3	4	9	5	2
9	3	2	5	1	6	4	7	8
4	7	5	2	8	9	1	3	6

021

4	8	2	5	1	3	7	6	9
3	6	1	7	9	4	8	5	2
7	9	5	6	2	8	4	1	3
5	7	9	3	4	2	1	8	6
2	1	6	9	8	5	3	7	4
8	4	3	1	6	7	2	9	5
1	5	7	2	3	6	9	4	8
9	3	8	4	5	1	6	2	7
6	2	4	8	7	9	5	3	1

022

8	2	1	3	9	6	4	5	7
7	6	5	4	1	8	9	2	3
3	9	4	5	2	7	6	1	8
4	7	2	1	6	5	8	3	9
6	5	8	9	3	4	1	7	2
9	1	3	8	7	2	5	4	6
2	3	9	6	5	1	7	8	4
5	4	6	7	8	3	2	9	1
1	8	7	2	4	9	3	6	5

023

1	2	3	7	9	5	8	6	4
5	8	7	3	6	4	9	1	2
6	9	4	8	1	2	5	3	7
2	3	6	9	4	8	1	7	5
9	7	5	1	3	6	4	2	8
4	1	8	2	5	7	6	9	3
8	5	9	6	7	3	2	4	1
3	6	2	4	8	1	7	5	9
7	4	1	5	2	9	3	8	6

024

6	1	4	5	8	3	7	2	9
3	2	8	7	9	6	1	5	4
7	9	5	2	4	1	6	8	3
5	7	9	3	6	4	8	1	2
4	8	2	9	1	5	3	7	6
1	6	3	8	2	7	4	9	5
8	5	7	4	3	2	9	6	1
9	3	1	6	5	8	2	4	7
2	4	6	1	7	9	5	3	8

025

1	5	3	7	9	2	8	6	4
2	8	7	3	6	4	9	1	5
6	9	4	8	1	5	2	3	7
5	3	6	9	4	8	1	7	2
9	7	2	1	3	6	4	5	8
4	1	8	5	2	7	6	9	3
8	2	9	6	7	3	5	4	1
3	6	5	4	8	1	7	2	9
7	4	1	2	5	9	3	8	6

026

1	6	2	5	8	3	7	4	9
3	4	8	7	9	1	6	5	2
7	9	5	4	2	6	1	8	3
5	7	9	3	1	2	8	6	4
2	8	4	9	6	5	3	7	1
6	1	3	8	4	7	2	9	5
8	5	7	2	3	4	9	1	6
9	3	6	1	5	8	4	2	7
4	2	1	6	7	9	5	3	8

027

2	1	6	5	8	3	7	4	9
3	4	8	7	9	2	1	5	6
7	9	5	4	6	1	2	8	3
5	7	9	3	2	6	8	1	4
6	8	4	9	1	5	3	7	2
1	2	3	8	4	7	6	9	5
8	5	7	6	3	4	9	2	1
9	3	1	2	5	8	4	6	7
4	6	2	1	7	9	5	3	8

028

1	8	2	7	4	6	5	3	9
6	9	3	1	8	5	7	2	4
7	4	5	2	3	9	1	8	6
2	6	4	8	5	7	3	9	1
8	5	9	3	6	1	2	4	7
3	1	7	4	9	2	6	5	8
9	7	8	5	1	3	4	6	2
4	3	1	6	2	8	9	7	5
5	2	6	9	7	4	8	1	3

029

2	8	7	1	5	3	4	9	6
5	4	3	7	9	6	8	2	1
1	9	6	2	8	4	7	5	3
6	2	8	3	7	9	5	1	4
3	5	4	6	1	8	2	7	9
9	7	1	4	2	5	3	6	8
4	1	5	8	6	7	9	3	2
7	3	2	9	4	1	6	8	5
8	6	9	5	3	2	1	4	7

030

7	2	1	3	9	6	4	5	8
8	6	5	4	1	7	9	2	3
3	9	4	5	2	8	6	1	7
4	8	2	1	6	5	7	3	9
6	5	7	9	3	4	1	8	2
9	1	3	7	8	2	5	4	6
2	3	9	6	5	1	8	7	4
5	4	6	8	7	3	2	9	1
1	7	8	2	4	9	3	6	5

031

7	4	5	2	3	9	8	1	6
3	8	9	5	1	6	4	7	2
2	1	6	7	4	8	5	3	9
6	7	4	9	5	1	3	2	8
9	3	8	6	2	4	7	5	1
1	5	2	8	7	3	9	6	4
8	2	3	4	6	5	1	9	7
5	9	7	1	8	2	6	4	3
4	6	1	3	9	7	2	8	5

032

6	1	2	5	8	3	7	4	9
3	4	8	7	9	6	1	5	2
7	9	5	4	2	1	6	8	3
5	7	9	3	6	2	8	1	4
2	8	4	9	1	5	3	7	6
1	6	3	8	4	7	2	9	5
8	5	7	2	3	4	9	6	1
9	3	1	6	5	8	4	2	7
4	2	6	1	7	9	5	3	8

033

6	5	1	7	9	3	4	2	8
8	3	2	4	1	6	9	5	7
7	9	4	2	5	8	3	1	6
4	8	5	1	3	2	6	7	9
3	2	6	9	7	4	1	8	5
9	1	7	6	8	5	2	4	3
5	7	9	3	2	1	8	6	4
2	4	3	8	6	7	5	9	1
1	6	8	5	4	9	7	3	2

034

3	2	1	7	9	5	8	6	4
5	8	7	1	6	4	9	3	2
6	9	4	8	3	2	5	1	7
2	1	6	9	4	8	3	7	5
9	7	5	3	1	6	4	2	8
4	3	8	2	5	7	6	9	1
8	5	9	6	7	1	2	4	3
1	6	2	4	8	3	7	5	9
7	4	3	5	2	9	1	8	6

035

1	6	9	2	5	7	8	3	4
5	8	7	9	3	4	6	1	2
2	3	4	1	6	8	9	5	7
4	1	6	7	9	3	5	2	8
7	5	8	4	2	6	1	9	3
3	9	2	8	1	5	7	4	6
8	2	5	6	4	9	3	7	1
9	7	1	3	8	2	4	6	5
6	4	3	5	7	1	2	8	9

036

6	5	8	1	2	3	7	4	9
3	4	2	7	9	6	5	1	8
7	9	1	4	8	5	6	2	3
1	7	9	3	6	8	2	5	4
8	2	4	9	5	1	3	7	6
5	6	3	2	4	7	8	9	1
2	1	7	8	3	4	9	6	5
9	3	5	6	1	2	4	8	7
4	8	6	5	7	9	1	3	2

037

3	5	1	7	9	2	8	6	4
2	8	7	1	6	4	9	3	5
6	9	4	8	3	5	2	1	7
5	1	6	9	4	8	3	7	2
9	7	2	3	1	6	4	5	8
4	3	8	5	2	7	6	9	1
8	2	9	6	7	1	5	4	3
1	6	5	4	8	3	7	2	9
7	4	3	2	5	9	1	8	6

038

3	4	9	2	5	7	8	1	6
5	8	7	9	1	6	4	3	2
2	1	6	3	4	8	9	5	7
6	3	4	7	9	1	5	2	8
7	5	8	6	2	4	3	9	1
1	9	2	8	3	5	7	6	4
8	2	5	4	6	9	1	7	3
9	7	3	1	8	2	6	4	5
4	6	1	5	7	3	2	8	9

039

7	6	1	3	9	2	4	5	8
8	2	5	4	1	7	9	6	3
3	9	4	5	6	8	2	1	7
4	8	6	1	2	5	7	3	9
2	5	7	9	3	4	1	8	6
9	1	3	7	8	6	5	4	2
6	3	9	2	5	1	8	7	4
5	4	2	8	7	3	6	9	1
1	7	8	6	4	9	3	2	5

040

3	6	9	7	4	5	8	2	1
1	7	5	9	2	8	6	4	3
4	2	8	1	3	6	7	9	5
6	4	3	5	8	2	9	1	7
5	8	1	4	9	7	2	3	6
7	9	2	3	6	1	5	8	4
2	1	6	8	5	3	4	7	9
9	5	7	2	1	4	3	6	8
8	3	4	6	7	9	1	5	2

041

6	5	1	7	9	3	4	2	8
8	3	2	4	1	6	9	5	7
7	9	4	2	5	8	3	1	6
4	8	5	1	3	2	6	7	9
3	2	6	9	7	4	1	8	5
9	1	7	6	8	5	2	4	3
5	7	9	3	2	1	8	6	4
2	4	3	8	6	7	5	9	1
1	6	8	5	4	9	7	3	2

042

1	2	3	7	9	5	8	6	4
5	8	7	3	6	4	9	1	2
6	9	4	8	1	2	5	3	7
2	3	6	9	4	8	1	7	5
9	7	5	1	3	6	4	2	8
4	1	8	2	5	7	6	9	3
8	5	9	6	7	3	2	4	1
3	6	2	4	8	1	7	5	9
7	4	1	5	2	9	3	8	6

043

7	8	1	2	5	3	9	4	6
5	4	3	6	1	9	8	7	2
6	2	9	4	7	8	3	1	5
2	6	5	1	8	4	7	9	3
9	3	4	7	2	6	5	8	1
8	1	7	9	3	5	2	6	4
3	7	8	5	4	1	6	2	9
4	5	6	8	9	2	1	3	7
1	9	2	3	6	7	4	5	8

044

8	4	2	5	1	3	7	6	9
3	6	1	7	9	8	4	5	2
7	9	5	6	2	4	8	1	3
5	7	9	3	8	2	1	4	6
2	1	6	9	4	5	3	7	8
4	8	3	1	6	7	2	9	5
1	5	7	2	3	6	9	8	4
9	3	4	8	5	1	6	2	7
6	2	8	4	7	9	5	3	1

045

6	7	8	1	2	3	9	4	5
2	4	3	5	8	9	7	6	1
5	1	9	4	6	7	3	8	2
1	5	2	8	7	4	6	9	3
9	3	4	6	1	5	2	7	8
7	8	6	9	3	2	1	5	4
3	6	7	2	4	8	5	1	9
4	2	5	7	9	1	8	3	6
8	9	1	3	5	6	4	2	7

046

7	8	5	1	2	3	9	4	6
2	4	3	6	5	9	8	7	1
6	1	9	4	7	8	3	5	2
1	6	2	5	8	4	7	9	3
9	3	4	7	1	6	2	8	5
8	5	7	9	3	2	1	6	4
3	7	8	2	4	5	6	1	9
4	2	6	8	9	1	5	3	7
5	9	1	3	6	7	4	2	8

047

2	1	6	5	8	3	7	4	9
3	4	8	7	9	2	1	5	6
7	9	5	4	6	1	2	8	3
5	7	9	3	2	6	8	1	4
6	8	4	9	1	5	3	7	2
1	2	3	8	4	7	6	9	5
8	5	7	6	3	4	9	2	1
9	3	1	2	5	8	4	6	7
4	6	2	1	7	9	5	3	8

048

1	5	6	7	9	3	4	2	8
8	3	2	4	6	1	9	5	7
7	9	4	2	5	8	3	6	1
4	8	5	6	3	2	1	7	9
3	2	1	9	7	4	6	8	5
9	6	7	1	8	5	2	4	3
5	7	9	3	2	6	8	1	4
2	4	3	8	1	7	5	9	6
6	1	8	5	4	9	7	3	2

049

5	6	8	1	2	3	7	4	9
3	4	2	7	9	5	6	1	8
7	9	1	4	8	6	5	2	3
1	7	9	3	5	8	2	6	4
8	2	4	9	6	1	3	7	5
6	5	3	2	4	7	8	9	1
2	1	7	8	3	4	9	5	6
9	3	6	5	1	2	4	8	7
4	8	5	6	7	9	1	3	2

050

3	1	7	9	8	5	2	4	6
2	5	4	6	3	7	8	1	9
9	8	6	4	2	1	5	3	7
1	4	8	2	6	9	3	7	5
6	7	9	5	4	3	1	8	2
5	3	2	7	1	8	9	6	4
4	6	3	1	9	2	7	5	8
7	2	1	8	5	6	4	9	3
8	9	5	3	7	4	6	2	1

051

2	1	7	3	9	5	8	6	4
5	8	3	7	6	4	9	2	1
6	9	4	8	2	1	5	7	3
1	7	6	9	4	8	2	3	5
9	3	5	2	7	6	4	1	8
4	2	8	1	5	3	6	9	7
8	5	9	6	3	7	1	4	2
7	6	1	4	8	2	3	5	9
3	4	2	5	1	9	7	8	6

052

7	2	1	3	9	6	4	5	8
8	6	5	4	1	7	9	2	3
3	9	4	5	2	8	6	1	7
4	8	2	1	6	5	7	3	9
6	5	7	9	3	4	1	8	2
9	1	3	7	8	2	5	4	6
2	3	9	6	5	1	8	7	4
5	4	6	8	7	3	2	9	1
1	7	8	2	4	9	3	6	5

053

9	4	3	2	5	7	8	1	6
5	8	7	3	1	6	4	9	2
2	1	6	9	4	8	3	5	7
6	9	4	7	3	1	5	2	8
7	5	8	6	2	4	9	3	1
1	3	2	8	9	5	7	6	4
8	2	5	4	6	3	1	7	9
3	7	9	1	8	2	6	4	5
4	6	1	5	7	9	2	8	3

054

9	3	4	8	5	7	2	1	6
5	2	7	4	1	6	3	9	8
8	1	6	9	3	2	4	5	7
6	9	3	7	4	1	5	8	2
7	5	2	6	8	3	9	4	1
1	4	8	2	9	5	7	6	3
2	8	5	3	6	4	1	7	9
4	7	9	1	2	8	6	3	5
3	6	1	5	7	9	8	2	4

055

7	6	4	3	9	2	1	5	8
8	2	5	1	4	7	9	6	3
3	9	1	5	6	8	2	4	7
1	8	6	4	2	5	7	3	9
2	5	7	9	3	1	4	8	6
9	4	3	7	8	6	5	1	2
6	3	9	2	5	4	8	7	1
5	1	2	8	7	3	6	9	4
4	7	8	6	1	9	3	2	5

056

7	4	5	2	3	9	8	1	6
3	8	9	5	1	6	4	7	2
2	1	6	7	4	8	5	3	9
6	7	4	9	5	1	3	2	8
9	3	8	6	2	4	7	5	1
1	5	2	8	7	3	9	6	4
8	2	3	4	6	5	1	9	7
5	9	7	1	8	2	6	4	3
4	6	1	3	9	7	2	8	5

057

7	2	1	3	9	6	4	5	8
8	6	5	4	1	7	9	2	3
3	9	4	5	2	8	6	1	7
4	8	2	1	6	5	7	3	9
6	5	7	9	3	4	1	8	2
9	1	3	7	8	2	5	4	6
2	3	9	6	5	1	8	7	4
5	4	6	8	7	3	2	9	1
1	7	8	2	4	9	3	6	5

058

8	6	1	5	7	9	2	4	3
3	7	9	1	4	2	6	8	5
4	2	5	8	6	3	1	7	9
1	3	2	4	9	5	7	6	8
7	5	4	6	2	8	9	3	1
6	9	8	7	3	1	5	2	4
2	1	6	9	8	4	3	5	7
5	4	7	3	1	6	8	9	2
9	8	3	2	5	7	4	1	6

059

7	2	1	3	9	6	4	5	8
8	6	5	4	1	7	9	2	3
3	9	4	5	2	8	6	1	7
4	8	2	1	6	5	7	3	9
6	5	7	9	3	4	1	8	2
9	1	3	7	8	2	5	4	6
2	3	9	6	5	1	8	7	4
5	4	6	8	7	3	2	9	1
1	7	8	2	4	9	3	6	5

060

7	1	3	9	8	5	2	4	6
2	5	4	6	7	3	8	1	9
9	8	6	4	2	1	5	7	3
1	4	8	2	6	9	7	3	5
6	3	9	5	4	7	1	8	2
5	7	2	3	1	8	9	6	4
4	6	7	1	9	2	3	5	8
3	2	1	8	5	6	4	9	7
8	9	5	7	3	4	6	2	1

061

6	5	1	7	9	3	4	2	8
8	3	2	4	1	6	9	5	7
7	9	4	2	5	8	3	1	6
4	8	5	1	3	2	6	7	9
3	2	6	9	7	4	1	8	5
9	1	7	6	8	5	2	4	3
5	7	9	3	2	1	8	6	4
2	4	3	8	6	7	5	9	1
1	6	8	5	4	9	7	3	2

062

6	1	2	5	8	3	7	4	9
3	4	8	7	9	6	1	5	2
7	9	5	4	2	1	6	8	3
5	7	9	3	6	2	8	1	4
2	8	4	9	1	5	3	7	6
1	6	3	8	4	7	2	9	5
8	5	7	2	3	4	9	6	1
9	3	1	6	5	8	4	2	7
4	2	6	1	7	9	5	3	8

063

4	3	1	2	9	6	7	5	8
8	6	5	7	1	4	9	3	2
2	9	7	5	3	8	6	1	4
7	8	3	1	6	5	4	2	9
6	5	4	9	2	7	1	8	3
9	1	2	4	8	3	5	7	6
3	2	9	6	5	1	8	4	7
5	7	6	8	4	2	3	9	1
1	4	8	3	7	9	2	6	5

064

6	5	4	7	9	3	1	2	8
8	3	2	1	4	6	9	5	7
7	9	1	2	5	8	3	4	6
1	8	5	4	3	2	6	7	9
3	2	6	9	7	1	4	8	5
9	4	7	6	8	5	2	1	3
5	7	9	3	2	4	8	6	1
2	1	3	8	6	7	5	9	4
4	6	8	5	1	9	7	3	2

065

5	7	8	1	2	3	9	4	6
2	4	3	6	8	9	7	5	1
6	1	9	4	5	7	3	8	2
1	6	2	8	7	4	5	9	3
9	3	4	5	1	6	2	7	8
7	8	5	9	3	2	1	6	4
3	5	7	2	4	8	6	1	9
4	2	6	7	9	1	8	3	5
8	9	1	3	6	5	4	2	7

066

5	6	9	2	1	7	8	3	4
1	8	7	9	3	4	6	5	2
2	3	4	5	6	8	9	1	7
4	5	6	7	9	3	1	2	8
7	1	8	4	2	6	5	9	3
3	9	2	8	5	1	7	4	6
8	2	1	6	4	9	3	7	5
9	7	5	3	8	2	4	6	1
6	4	3	1	7	5	2	8	9

067

5	7	8	1	2	3	9	4	6
2	4	3	6	8	9	7	5	1
6	1	9	4	5	7	3	8	2
1	6	2	8	7	4	5	9	3
9	3	4	5	1	6	2	7	8
7	8	5	9	3	2	1	6	4
3	5	7	2	4	8	6	1	9
4	2	6	7	9	1	8	3	5
8	9	1	3	6	5	4	2	7

068

6	5	8	1	2	3	7	4	9
3	4	2	7	9	6	5	1	8
7	9	1	4	8	5	6	2	3
1	7	9	3	6	8	2	5	4
8	2	4	9	5	1	3	7	6
5	6	3	2	4	7	8	9	1
2	1	7	8	3	4	9	6	5
9	3	5	6	1	2	4	8	7
4	8	6	5	7	9	1	3	2

069

5	7	8	1	2	3	4	9	6
2	4	3	8	9	6	7	5	1
1	9	6	5	7	4	8	2	3
6	5	7	3	8	9	2	1	4
3	2	4	6	1	7	5	8	9
9	8	1	4	5	2	3	6	7
4	1	2	7	6	8	9	3	5
8	3	5	9	4	1	6	7	2
7	6	9	2	3	5	1	4	8

070

2	6	8	4	5	7	1	3	9
7	9	3	2	6	1	4	8	5
4	5	1	8	3	9	2	6	7
8	7	5	6	1	4	3	9	2
6	1	9	3	7	2	8	5	4
3	2	4	5	9	8	7	1	6
9	4	6	1	2	3	5	7	8
5	3	2	7	8	6	9	4	1
1	8	7	9	4	5	6	2	3

071

6	5	1	7	9	3	4	2	8
8	3	2	4	1	6	9	5	7
7	9	4	2	5	8	3	1	6
4	8	5	1	3	2	6	7	9
3	2	6	9	7	4	1	8	5
9	1	7	6	8	5	2	4	3
5	7	9	3	2	1	8	6	4
2	4	3	8	6	7	5	9	1
1	6	8	5	4	9	7	3	2

072

4	3	1	2	9	6	7	5	8
8	6	5	7	1	4	9	3	2
2	9	7	5	3	8	6	1	4
7	8	3	1	6	5	4	2	9
6	5	4	9	2	7	1	8	3
9	1	2	4	8	3	5	7	6
3	2	9	6	5	1	8	4	7
5	7	6	8	4	2	3	9	1
1	4	8	3	7	9	2	6	5

073

9	6	3	2	5	7	8	1	4
5	8	7	3	1	4	6	9	2
2	1	4	9	6	8	3	5	7
4	9	6	7	3	1	5	2	8
7	5	8	4	2	6	9	3	1
1	3	2	8	9	5	7	4	6
8	2	5	6	4	3	1	7	9
3	7	9	1	8	2	4	6	5
6	4	1	5	7	9	2	8	3

074

5	8	7	1	2	3	9	4	6
2	4	3	6	7	9	8	5	1
6	1	9	4	5	8	3	7	2
1	6	2	7	8	4	5	9	3
9	3	4	5	1	6	2	8	7
8	7	5	9	3	2	1	6	4
3	5	8	2	4	7	6	1	9
4	2	6	8	9	1	7	3	5
7	9	1	3	6	5	4	2	8

075

6	5	8	1	2	3	7	4	9
3	4	2	7	9	6	5	1	8
7	9	1	4	8	5	6	2	3
1	7	9	3	6	8	2	5	4
8	2	4	9	5	1	3	7	6
5	6	3	2	4	7	8	9	1
2	1	7	8	3	4	9	6	5
9	3	5	6	1	2	4	8	7
4	8	6	5	7	9	1	3	2

076

5	6	1	8	7	9	2	4	3
3	7	9	1	4	2	6	5	8
4	2	8	5	6	3	1	7	9
1	3	2	4	9	8	7	6	5
7	8	4	6	2	5	9	3	1
6	9	5	7	3	1	8	2	4
2	1	6	9	5	4	3	8	7
8	4	7	3	1	6	5	9	2
9	5	3	2	8	7	4	1	6

077

4	3	1	2	9	6	7	5	8
8	6	5	7	1	4	9	3	2
2	9	7	5	3	8	6	1	4
7	8	3	1	6	5	4	2	9
6	5	4	9	2	7	1	8	3
9	1	2	4	8	3	5	7	6
3	2	9	6	5	1	8	4	7
5	7	6	8	4	2	3	9	1
1	4	8	3	7	9	2	6	5

078

1	6	8	5	7	9	2	4	3
3	7	9	8	4	2	6	1	5
4	2	5	1	6	3	8	7	9
8	3	2	4	9	5	7	6	1
7	5	4	6	2	1	9	3	8
6	9	1	7	3	8	5	2	4
2	8	6	9	1	4	3	5	7
5	4	7	3	8	6	1	9	2
9	1	3	2	5	7	4	8	6

079

5	6	9	2	1	7	8	3	4
1	8	7	9	3	4	6	5	2
2	3	4	5	6	8	9	1	7
4	5	6	7	9	3	1	2	8
7	1	8	4	2	6	5	9	3
3	9	2	8	5	1	7	4	6
8	2	1	6	4	9	3	7	5
9	7	5	3	8	2	4	6	1
6	4	3	1	7	5	2	8	9

080

2	1	6	5	8	3	7	4	9
3	4	8	7	9	2	1	5	6
7	9	5	4	6	1	2	8	3
5	7	9	3	2	6	8	1	4
6	8	4	9	1	5	3	7	2
1	2	3	8	4	7	6	9	5
8	5	7	6	3	4	9	2	1
9	3	1	2	5	8	4	6	7
4	6	2	1	7	9	5	3	8

081

6	1	8	5	2	3	7	4	9
3	4	2	7	9	6	1	5	8
7	9	5	4	8	1	6	2	3
5	7	9	3	6	8	2	1	4
8	2	4	9	1	5	3	7	6
1	6	3	2	4	7	8	9	5
2	5	7	8	3	4	9	6	1
9	3	1	6	5	2	4	8	7
4	8	6	1	7	9	5	3	2

082

6	8	1	5	7	9	2	4	3
3	7	9	1	4	2	8	6	5
4	2	5	6	8	3	1	7	9
1	3	2	4	9	5	7	8	6
7	5	4	8	2	6	9	3	1
8	9	6	7	3	1	5	2	4
2	1	8	9	6	4	3	5	7
5	4	7	3	1	8	6	9	2
9	6	3	2	5	7	4	1	8

083

9	4	3	2	5	7	8	1	6
5	8	7	3	1	6	4	9	2
2	1	6	9	4	8	3	5	7
6	9	4	7	3	1	5	2	8
7	5	8	6	2	4	9	3	1
1	3	2	8	9	5	7	6	4
8	2	5	4	6	3	1	7	9
3	7	9	1	8	2	6	4	5
4	6	1	5	7	9	2	8	3

084

6	1	2	5	8	3	7	4	9
3	4	8	7	9	6	1	5	2
7	9	5	4	2	1	6	8	3
5	7	9	3	6	2	8	1	4
2	8	4	9	1	5	3	7	6
1	6	3	8	4	7	2	9	5
8	5	7	2	3	4	9	6	1
9	3	1	6	5	8	4	2	7
4	2	6	1	7	9	5	3	8

085

1	4	5	2	3	7	8	9	6
3	8	7	5	0	6	4	1	2
2	9	6	1	4	8	5	3	7
6	1	4	7	5	9	3	2	8
7	3	8	6	2	4	1	5	9
9	5	2	8	1	3	7	6	4
8	2	3	4	6	5	9	7	1
5	7	1	9	8	2	6	4	3
4	6	9	3	7	1	2	8	5

086

6	1	4	5	8	3	7	2	9
3	2	8	7	9	6	1	5	4
7	9	5	2	4	1	6	8	3
5	7	9	3	6	4	8	1	2
4	8	2	9	1	5	3	7	6
1	6	3	8	2	7	4	9	5
8	5	7	4	3	2	9	6	1
9	3	1	6	5	8	2	4	7
2	4	6	1	7	9	5	3	8

087

5	7	8	1	2	3	9	4	6
2	4	3	6	8	9	7	5	1
6	1	9	4	5	7	3	8	2
1	6	2	8	7	4	5	9	3
9	3	4	5	1	6	2	7	8
7	8	5	9	3	2	1	6	4
3	5	7	2	4	8	6	1	9
4	2	6	7	9	1	8	3	5
8	9	1	3	6	5	4	2	7

088

4	8	2	5	1	3	7	6	9
3	6	1	7	9	4	8	5	2
7	9	5	6	2	8	4	1	3
5	7	9	3	4	2	1	8	6
2	1	6	9	8	5	3	7	4
8	4	3	1	6	7	2	9	5
1	5	7	2	3	6	9	4	8
9	3	8	4	5	1	6	2	7
6	2	4	8	7	9	5	3	1

089

6	5	1	7	9	3	4	2	8
8	3	2	4	1	6	9	5	7
7	9	4	2	5	8	3	1	6
4	8	5	1	3	2	6	7	9
3	2	6	9	7	4	1	8	5
9	1	7	6	8	5	2	4	3
5	7	9	3	2	1	8	6	4
2	4	3	8	6	7	5	9	1
1	6	8	5	4	9	7	3	2

090

5	8	2	9	7	4	1	6	3
4	3	6	2	8	1	9	7	5
9	7	1	5	6	3	4	2	8
3	6	7	4	9	8	2	5	1
1	5	9	3	2	6	8	4	7
8	2	4	1	5	7	3	9	6
7	4	5	8	3	9	6	1	2
2	9	3	6	1	5	7	8	4
6	1	8	7	4	2	5	3	9

091

8	4	7	1	9	2	5	6	0	3
0	2	5	6	8	3	4	7	1	9
2	9	0	7	4	1	3	5	6	8
5	1	8	3	7	4	6	2	9	0
7	6	9	4	3	0	1	8	5	2
1	5	2	8	6	7	9	0	3	4
9	3	4	0	5	8	2	1	7	6
6	0	3	2	1	5	8	9	4	7
3	8	6	5	0	9	7	4	2	1
4	7	1	9	2	6	0	3	8	5

092

9	0	2	8	5	6	3	1	7	4
7	6	3	1	9	4	0	2	8	5
6	5	7	2	0	8	4	3	1	9
3	4	9	7	2	0	6	8	5	1
2	1	5	0	4	7	8	9	3	6
8	3	6	9	1	2	5	7	4	0
5	8	0	4	3	9	1	6	2	7
1	7	4	6	8	3	9	5	0	2
4	9	1	3	7	5	2	0	6	8
0	2	8	5	6	1	7	4	9	3

093

5	2	0	7	1	9	8	6	4	3
6	0	1	8	7	2	5	3	9	4
1	5	9	6	4	3	0	7	8	2
3	7	6	9	8	4	2	5	0	1
7	4	8	5	2	1	6	0	3	9
9	3	2	1	6	7	4	8	5	0
2	9	5	4	0	8	3	1	7	6
8	1	7	0	3	6	9	4	2	5
4	8	3	2	5	0	1	9	6	7
0	6	4	3	9	5	7	2	1	8

094

2	3	5	6	7	9	1	4	8	0
4	5	7	1	6	3	2	0	9	8
7	2	9	4	8	0	5	6	1	3
0	6	4	9	1	8	3	2	5	7
6	8	1	2	3	7	4	5	0	9
9	0	3	7	4	6	8	1	2	5
3	9	2	8	5	1	0	7	6	4
1	7	6	5	0	4	9	8	3	2
8	1	0	3	2	5	7	9	4	6
5	4	8	0	9	2	6	3	7	1

095

8	3	7	1	9	2	5	6	0	4
0	2	5	6	8	4	3	7	1	9
2	9	0	7	3	1	4	5	6	8
5	1	8	4	7	3	6	2	9	0
7	6	9	3	4	0	1	8	5	2
1	5	2	8	6	7	9	0	4	3
9	4	3	0	5	8	2	1	7	6
6	0	4	2	1	5	8	9	3	7
4	8	6	5	0	9	7	3	2	1
3	7	1	9	2	6	0	4	8	5

096

4	2	8	7	9	1	0	6	5	3
6	8	9	0	7	2	4	3	1	5
9	4	1	6	5	3	8	7	0	2
3	7	6	1	0	5	2	4	8	9
7	5	0	4	2	9	6	8	3	1
1	3	2	9	6	7	5	0	4	8
2	1	4	5	8	0	3	9	7	6
0	9	7	8	3	6	1	5	2	4
5	0	3	2	4	8	9	1	6	7
8	6	5	3	1	4	7	2	9	0

97

8	4	9	1	7	2	5	6	0	3
0	2	5	6	8	3	4	9	1	7
2	7	0	9	4	1	3	5	6	8
5	1	8	3	9	4	6	2	7	0
9	6	7	4	3	0	1	8	5	2
1	5	2	8	6	9	7	0	3	4
7	3	4	0	5	8	2	1	9	6
6	0	3	2	1	5	8	7	4	9
3	8	6	5	0	7	9	4	2	1
4	9	1	7	2	6	0	3	8	5

98

9	0	8	2	5	6	3	1	7	4
7	6	3	1	9	4	0	8	2	5
6	5	7	8	0	2	4	3	1	9
3	2	9	4	8	0	1	6	5	7
8	1	5	0	4	7	2	9	3	6
2	3	6	9	1	8	5	7	4	0
5	4	0	7	3	9	6	2	8	1
1	7	4	6	2	3	9	5	0	8
4	9	1	3	7	5	8	0	6	2
0	8	2	5	6	1	7	4	9	3

99

8	6	9	1	7	2	5	4	0	3
0	2	5	4	8	3	6	9	1	7
2	7	0	9	6	1	3	5	4	8
5	1	8	3	9	6	4	2	7	0
9	4	7	6	3	0	1	8	5	2
1	5	2	8	4	9	7	0	3	6
7	3	6	0	5	8	2	1	9	4
4	0	3	2	1	5	8	7	6	9
3	8	4	5	0	7	9	6	2	1
6	9	1	7	2	4	0	3	8	5

100

9	0	8	1	5	6	3	2	7	4
7	6	3	2	9	4	0	8	1	5
6	5	7	8	0	1	4	3	2	9
3	1	9	4	8	0	2	6	5	7
8	2	5	0	4	7	1	9	3	6
1	3	6	9	2	8	5	7	4	0
5	4	0	7	3	9	6	1	8	2
2	7	4	6	1	3	9	5	0	8
4	9	2	3	7	5	8	0	6	1
0	8	1	5	6	2	7	4	9	3

101

물	돌	소나무	구름	해	학	산	불로초	사슴	거북
사슴	학	산	불로초	물	거북	돌	소나무	구름	해
학	해	사슴	소나무	돌	구름	거북	산	불로초	물
산	구름	물	거북	소나무	돌	불로초	학	해	사슴
소나무	불로초	해	돌	거북	사슴	구름	물	산	학
구름	산	학	물	불로초	소나무	해	사슴	거북	돌
해	거북	돌	사슴	산	물	학	구름	소나무	불로초
불로초	사슴	거북	학	구름	산	물	해	돌	소나무
거북	물	불로초	산	사슴	해	소나무	돌	학	구름
돌	소나무	구름	해	학	불로초	사슴	거북	물	산

102

해	산	불로초	구름	학	물	돌	소나무	거북	사슴
거북	물	돌	소나무	해	사슴	산	불로초	구름	학
물	학	거북	불로초	산	구름	사슴	돌	소나무	해
돌	구름	해	사슴	소나무	산	불로초	물	학	거북
불로초	소나무	학	산	사슴	거북	구름	해	돌	물
구름	돌	물	해	소나무	불로초	학	거북	사슴	산
학	사슴	산	거북	돌	해	물	구름	불로초	소나무
소나무	거북	사슴	물	구름	돌	해	학	산	불로초
사슴	해	소나무	돌	거북	학	불로초	산	물	구름
산	불로초	구름	학	물	소나무	거북	사슴	해	돌

103

거북	산	사슴	불로초	물	구름	학	돌	소나무	해
소나무	구름	학	돌	거북	해	산	사슴	불로초	물
구름	물	소나무	사슴	산	불로초	해	학	돌	거북
학	불로초	거북	해	사슴	산	돌	구름	물	소나무
사슴	돌	물	산	해	소나무	불로초	거북	학	구름
불로초	학	구름	거북	돌	사슴	물	소나무	해	산
물	해	산	소나무	학	거북	구름	소나무	사슴	돌
돌	소나무	해	구름	불로초	학	거북	물	산	사슴
해	거북	돌	학	소나무	물	사슴	산	구름	불로초
산	사슴	불로초	물	구름	돌	소나무	해	거북	학

104

사슴	구름	거북	불로초	학	해	물	돌	소나무	산
소나무	해	물	돌	사슴	산	구름	거북	불로초	학
해	학	소나무	거북	구름	불로초	산	물	돌	사슴
물	불로초	사슴	산	거북	구름	돌	해	학	소나무
거북	돌	학	구름	산	소나무	불로초	사슴	물	해
불로초	물	해	사슴	돌	거북	학	소나무	산	구름
학	산	구름	소나무	물	사슴	해	불로초	거북	돌
돌	소나무	산	해	불로초	물	사슴	학	구름	거북
산	사슴	돌	물	소나무	학	거북	구름	해	불로초
구름	거북	불로초	학	해	돌	소나무	산	사슴	물

105

돌	거북	소나무	물	구름	산	학	불로초	사슴	해
사슴	산	학	불로초	돌	해	거북	소나무	물	구름
산	구름	사슴	소나무	거북	물	해	학	불로초	돌
학	물	돌	해	소나무	거북	불로초	산	구름	사슴
소나무	불로초	구름	거북	해	사슴	물	돌	학	산
물	학	산	돌	불로초	소나무	구름	사슴	해	거북
구름	해	거북	사슴	학	돌	산	물	소나무	불로초
불로초	사슴	해	산	물	학	돌	구름	거북	소나무
해	돌	불로초	학	사슴	구름	소나무	거북	산	물
거북	소나무	물	구름	산	불로초	사슴	해	돌	학

106

학	산	소나무	구름	해	물	돌	불로초	사슴	거북
사슴	물	돌	불로초	학	거북	산	소나무	구름	해
물	해	사슴	소나무	산	구름	거북	돌	불로초	학
돌	구름	학	거북	소나무	산	불로초	물	해	사슴
소나무	불로초	해	산	거북	사슴	구름	학	돌	물
구름	돌	물	학	불로초	소나무	해	사슴	거북	산
해	거북	산	사슴	돌	학	물	구름	소나무	불로초
불로초	사슴	거북	물	구름	돌	학	해	산	소나무
거북	학	불로초	돌	사슴	해	소나무	산	물	구름
산	소나무	구름	해	물	불로초	사슴	거북	학	돌

107

사슴	해	돌	불로초	구름	산	학	소나무	거북	물
거북	산	학	소나무	사슴	물	해	돌	불로초	구름
산	구름	거북	돌	해	불로초	물	학	소나무	사슴
학	불로초	사슴	물	돌	해	소나무	산	구름	거북
돌	소나무	구름	해	물	거북	불로초	사슴	학	산
불로초	학	산	사슴	소나무	돌	구름	거북	물	해
구름	물	해	거북	학	사슴	산	불로초	돌	소나무
소나무	거북	물	산	불로초	학	사슴	구름	해	돌
물	사슴	소나무	학	거북	구름	돌	해	산	불로초
해	돌	불로초	구름	산	소나무	거북	물	사슴	학

108

거북	해	사슴	불로초	학	구름	물	돌	소나무	산
소나무	구름	물	돌	거북	산	해	사슴	불로초	학
구름	학	소나무	사슴	해	불로초	산	물	돌	거북
물	불로초	거북	산	사슴	해	돌	구름	학	소나무
사슴	돌	학	해	산	소나무	불로초	거북	물	구름
불로초	물	구름	거북	돌	사슴	학	소나무	산	해
학	산	해	소나무	물	거북	구름	불로초	사슴	돌
돌	소나무	산	구름	불로초	물	거북	학	해	사슴
산	거북	돌	물	소나무	학	사슴	해	구름	불로초
해	사슴	불로초	학	구름	돌	소나무	산	거북	물

물	산	불로초	사슴	학	해	돌	소나무	거북	구름
거북	해	돌	소나무	물	구름	산	불로초	사슴	학
해	학	거북	불로초	산	사슴	구름	소나무	물	돌
돌	사슴	물	구름	불로초	산	소나무	해	학	거북
불로초	소나무	학	산	구름	거북	사슴	물	돌	해
사슴	돌	해	물	소나무	불로초	학	거북	구름	산
학	구름	산	거북	돌	물	해	사슴	불로초	소나무
소나무	거북	구름	해	사슴	돌	물	학	산	불로초
구름	물	소나무	돌	거북	학	불로초	산	해	사슴
산	불로초	사슴	학	해	소나무	거북	구름	물	돌

사슴	돌	물	불로초	거북	학	산	소나무	구름	해
소나무	물	거북	산	불로초	돌	사슴	해	학	구름
거북	사슴	학	소나무	구름	해	물	불로초	산	돌
해	불로초	소나무	학	산	구름	돌	사슴	물	거북
불로초	구름	산	사슴	돌	거북	소나무	물	해	학
돌	학	사슴	구름	물	산	해	거북	불로초	소나무
산	거북	불로초	물	해	소나무	학	구름	돌	사슴
구름	산	해	돌	사슴	물	거북	학	소나무	불로초
물	소나무	구름	해	학	사슴	불로초	돌	거북	산

구름	물	돌	불로초	사슴	산	학	소나무	거북	해
거북	산	학	소나무	구름	해	물	돌	불로초	사슴
산	사슴	거북	돌	물	불로초	해	학	소나무	구름
학	불로초	구름	해	돌	물	소나무	산	사슴	거북
돌	소나무	사슴	물	해	거북	불로초	구름	학	산
불로초	학	산	구름	소나무	돌	사슴	거북	해	물
사슴	해	물	거북	학	구름	산	불로초	돌	소나무
소나무	거북	해	불로초	학	산	구름	사슴	물	돌
해	구름	소나무	학	거북	사슴	돌	물	산	불로초
물	돌	불로초	사슴	산	소나무	거북	해	구름	학

산	사슴	소나무	물	구름	돌	학	불로초	거북	해
거북	돌	학	불로초	산	해	사슴	소나무	물	구름
돌	구름	거북	소나무	사슴	물	해	학	불로초	산
학	물	산	해	소나무	사슴	불로초	돌	구름	거북
소나무	불로초	구름	사슴	해	거북	물	산	학	돌
구름	해	사슴	거북	학	산	돌	물	소나무	불로초
불로초	거북	해	돌	물	학	산	구름	사슴	소나무
해	산	불로초	학	거북	구름	소나무	사슴	돌	물
사슴	소나무	물	구름	돌	불로초	거북	해	산	학

자	사	술	해	유	묘	진	인	축	미	신	오
신	인	축	오	미	진	자	술	유	사	묘	해
유	묘	미	축	인	사	신	오	해	술	진	자
진	해	오	신	자	술	미	사	묘	유	인	축
미	자	사	진	묘	해	유	축	술	신	오	인
인	진	해	유	술	오	묘	신	사	축	자	미
술	신	유	인	축	미	해	자	오	묘	사	진
오	축	묘	자	사	신	인	미	진	해	술	유
사	미	인	술	오	유	축	묘	자	진	해	신
묘	오	신	미	진	축	술	해	인	자	유	사
해	유	자	묘	신	인	사	진	미	오	축	술
축	술	진	사	해	자	오	유	신	인	미	묘

유	축	신	자	인	묘	미	진	오	사	해	술
오	미	자	진	축	사	해	술	인	유	묘	신
인	해	사	미	유	술	신	묘	자	축	진	오
진	묘	술	해	신	오	사	축	유	자	미	인
미	진	축	유	사	신	술	오	묘	해	인	자
자	신	해	인	오	진	축	유	사	묘	술	미
묘	오	인	축	술	해	자	신	미	진	사	유
사	술	유	묘	미	자	진	인	해	신	오	축
해	유	묘	술	진	축	인	미	신	오	자	사
술	인	오	사	해	유	묘	자	축	미	신	진
축	자	진	신	묘	미	오	사	술	인	유	해
신	사	미	오	자	인	유	해	진	술	축	묘

115

자	묘	신	술	유	미	사	해	인	오	축	진
오	진	미	묘	인	자	신	축	유	술	사	해
인	술	해	사	축	진	자	미	오	신	유	묘
유	축	사	오	신	해	술	묘	진	인	자	미
술	사	오	미	묘	신	진	자	축	해	인	유
신	미	인	축	진	술	묘	유	해	사	오	자
진	해	유	인	자	오	미	사	신	묘	술	축
축	자	묘	유	해	사	오	인	술	진	미	신
사	유	축	진	오	인	해	신	자	미	묘	술
해	인	진	자	미	묘	유	술	사	축	신	오
묘	오	술	신	사	유	축	진	미	자	해	인
미	신	자	해	술	축	인	오	묘	유	진	사

116

미	자	인	사	축	유	진	묘	술	해	신	오
진	축	오	신	묘	자	인	해	사	미	유	술
해	사	술	미	진	오	유	축	신	자	인	묘
묘	유	신	해	술	인	오	미	자	진	축	사
사	진	유	자	신	미	묘	오	인	축	술	해
인	해	자	술	오	묘	미	진	축	유	사	신
오	신	축	진	인	해	사	술	유	묘	미	자
술	묘	미	축	유	사	자	신	해	인	오	진
축	술	묘	유	해	진	신	사	미	오	자	인
자	오	사	인	미	신	해	유	묘	술	진	축
유	인	해	오	사	술	축	자	진	신	묘	미
신	미	진	묘	자	축	술	인	오	사	해	유

117

사	자	오	신	미	인	축	진	술	묘	유	해
진	신	미	축	자	묘	유	해	사	오	인	술
해	유	인	술	사	오	미	묘	신	진	자	축
묘	축	술	진	해	유	인	자	오	미	사	신
술	해	사	오	진	미	묘	인	자	신	축	유
신	묘	유	인	술	해	사	축	진	자	미	오
오	진	축	자	묘	신	술	유	미	사	해	인
인	미	자	유	축	사	오	신	해	술	묘	진
자	인	해	묘	오	술	신	사	유	축	진	미
미	술	묘	사	유	축	진	오	인	해	신	자
유	사	진	미	신	자	해	술	축	인	오	묘
축	오	신	해	인	진	자	미	묘	유	술	사

118

인	미	자	유	축	사	오	신	해	술	묘	진
오	진	축	자	묘	신	술	유	미	사	해	인
신	묘	유	인	술	해	사	축	진	자	미	오
술	해	사	오	진	미	묘	인	자	신	축	유
묘	축	술	진	해	유	인	자	오	미	사	신
해	유	인	술	사	오	미	묘	신	진	자	축
진	신	미	축	자	묘	유	해	사	오	인	술
사	자	오	신	미	인	축	진	술	묘	유	해
축	오	신	해	인	진	자	미	묘	유	술	사
유	사	진	미	신	자	해	술	축	인	오	묘
미	술	묘	사	유	축	진	오	인	해	신	자
자	인	해	묘	오	술	신	사	유	축	진	미

119

자	축	인	묘	진	사	오	미	신	유	술	해
오	신	해	술	묘	축	인	유	자	미	사	진
유	진	사	미	자	해	신	술	축	오	묘	인
묘	유	술	신	축	진	자	오	인	사	해	미
인	해	자	사	신	술	미	묘	유	진	축	오
축	미	오	진	해	인	유	사	묘	술	신	자
신	자	미	해	오	유	사	진	술	묘	인	축
진	사	축	유	술	자	묘	인	미	해	오	신
술	오	묘	인	미	신	해	축	진	자	유	사
해	인	진	자	사	묘	술	신	오	축	미	유
사	묘	유	오	인	미	축	자	해	신	진	술
미	술	신	축	유	오	진	해	사	인	자	묘

120

술	신	유	해	묘	축	미	인	사	진	오	자
인	진	미	오	자	신	사	유	축	해	묘	술
묘	자	축	사	오	술	진	해	인	미	신	유
신	오	자	축	인	미	묘	사	해	유	술	진
사	유	해	진	술	오	축	신	묘	인	자	미
미	묘	인	술	유	진	해	자	오	축	사	신
진	미	신	인	사	유	자	축	술	묘	해	오
자	축	술	유	해	묘	신	오	미	사	진	인
오	해	사	묘	진	인	술	미	자	신	유	축
해	술	진	미	신	자	인	묘	유	오	축	사
유	인	묘	신	축	사	오	술	진	자	미	해
축	사	오	자	미	해	유	진	신	술	인	묘

121

사	묘	유	자	인	축	신	미	진	해	오	술
오	신	미	인	술	자	진	해	사	묘	유	축
해	축	술	진	오	유	사	묘	인	자	신	미
자	사	축	오	진	묘	술	신	해	미	인	유
유	해	묘	미	자	인	오	사	술	신	축	진
술	진	인	신	축	미	해	유	묘	오	자	사
축	인	오	해	묘	술	유	자	미	사	진	신
신	술	진	유	사	해	미	축	자	인	묘	오
미	자	사	묘	신	진	인	오	유	축	술	해
묘	오	해	술	미	신	자	진	축	유	사	인
인	유	자	사	해	오	축	술	신	진	미	묘
진	미	신	축	유	사	묘	인	오	술	해	자

122

축	사	인	자	해	묘	진	오	술	미	신	유
묘	미	오	유	술	인	신	축	진	해	자	사
해	진	신	술	사	미	유	자	오	축	인	묘
신	자	유	인	진	오	축	묘	미	술	사	해
미	묘	술	해	자	사	인	신	유	진	축	오
진	오	축	사	유	술	해	미	인	신	묘	자
사	축	진	미	오	유	자	인	해	묘	술	신
유	인	자	묘	신	해	술	사	축	오	진	미
술	신	해	오	미	축	묘	진	자	사	유	인
자	해	미	축	묘	진	사	유	신	인	오	술
인	술	사	신	축	자	오	해	묘	유	미	진
오	유	묘	진	인	신	미	술	사	자	해	축